50 Recipes

歡樂馬克杯蛋糕
MUG CUP CAKE

不需要特別的模具，一般的馬克杯就能烤蛋糕！
送禮自食兩相宜，心意滿滿的手工甜點♥

本間 節子

三悅文化

speedy♪

let's try!

yummy
yummy
yummy!

前言

每個人都會擁有的「馬克杯」。

天氣冷的時候倒入咖啡或奶茶，包覆住杯身的掌心會漸漸變得溫暖；

天氣熱的時候放入冰塊，能感受到碰撞聲產生的涼爽氛圍。

馬克杯是每天點心時間和早餐時刻不可或缺，不知不覺就會蒐集累積的「生活道具」。

這是我一直以來與馬克杯之間的相處模式。

無論是自助式餐點會出現的杯子蛋糕、布丁、芭芭露亞、果凍、蒸蛋糕還是奶油蛋糕，

利用馬克杯做出這些甜點，應該能為生活創造些許的樂趣。

因為抱持這樣的想法，我便開始使用馬克杯來製作各式各樣的甜點。

除了做法簡單容易上手之外，將成品擺放在一起，看起來就跟真正的杯子蛋糕沒什麼兩樣！

像這種時候，也會因此感到驕傲。

將喜歡的馬克杯直接拿來作為模具使用，不但能發揮器具的用途，

分食也十分方便，可以和重要的人一起享用。

而且還能體驗到溫暖與涼爽的不同感受。

如果手邊有自己很喜歡的馬克杯，

不光只是用來喝茶，請務必試著用來製作馬克杯蛋糕。

希望能夠透過這本書的內容，將生活中的樂趣推廣出去讓更多的人知道。

本間節子

Contents

Chapter 1
BEST OF 馬克杯蛋糕

LOVE IT !

Chapter 2
使用微波爐輕鬆又快速做出馬克杯蛋糕！

EASY
TO
MAKE!

Chapter 3
冰涼Q彈讓人暑氣全消的馬克杯甜點

Chapter 4
使用烤箱做出最好吃的馬克杯蛋糕

Chapter 5
特別日子享用的馬克杯蛋糕

Tasty

morning

COFFEE
BREAK

yummy!

開始動手做馬克杯蛋糕

Let's get started MUG CUP CAKE !

不需要特殊造型的模具，只要手邊有喜歡的馬克杯就能製作馬克杯蛋糕。

準備的材料不多，做法十分簡單！

按照自己的步調，試著做出每天的早餐或是每日的甜點吧。

① 超級簡單！

首先將麵糊的材料混合，接著只要烘烤即可♪
不需要使用特別的模具和其他工具。

混合

材料放入馬克杯內混合。

or

將材料放入鋼盆混合後再倒入
馬克杯。

烘烤

Before

After

放入烤箱烘烤或是使用
微波爐加熱。冰涼的甜
點則是放入冰箱冷藏凝
固後完成！

POINT

馬克杯內
塗抹奶油

在將麵糊倒入馬克杯之前，要先在馬克
杯內塗抹一層薄薄的油脂或奶油。這樣
麵糊才能順利膨脹，也方便取出蛋糕。

2 總是令人樂在其中

做法簡單的蒸蛋糕、杯子蛋糕,以及加入蔬菜的鹹蛋糕等,不論是大人還是小孩,都能拿來當做早餐、午餐和甜點開心享用的馬克杯蛋糕。有時間的話請一定要試著做看看。

BREAKFAST

簡易的杯子蛋糕和蒸蛋糕也是不錯的早餐選擇。其他像是司康、肉桂捲和約克夏布丁等麵包,也可以使用馬克杯來輕鬆完成。

Lunch

午餐就吃有蔬菜的約克夏布丁(p.30)或鹹蛋糕(p.46)吧!

Snack

很適合作為點心享用的馬克杯蛋糕。

如何保存　　用保鮮膜將每一個馬克杯蛋糕包覆起來放入冰箱冷藏和冷凍。至於保存期限,冰涼甜點為冰箱冷藏3天(冰淇淋等甜點為冰箱冷凍7天),至於使用微波爐加熱的則是完成後～隔天,烤箱烘烤的則是3天時間。

使用微波爐與烤箱的差別

本書介紹了許多使用烤箱以及使用微波爐，就能輕鬆完成的甜點食譜做法。

其中若剛好是能夠以烤箱或微波爐製作的麵糊食譜，就會同時介紹兩種不同的做法。

選擇自己比較容易製作的方法，又或按喜愛的呈現方式，來決定烤箱與微波爐的使用。

＼ 輕鬆&快速 ／

微波爐

相同的麵糊卻會產生截然不同的質地口感

＼ 更為正統的好滋味！ ／

烤箱

不必預熱
而且輕鬆&快速
不需要預熱再加上加熱時間短，很快就能吃下肚。

不容易膨脹
加熱時容易過度膨脹，而且很快就會塌陷。

2個一起加熱時
轉盤上的2個杯子要分開擺放在兩端。

良好的膨脹程度
適當的膨脹狀態，即便經過一段時間也不會塌陷。

不容易失敗
加熱程度均勻，不需要一直注意膨脹狀態。

表面容易上色
不論是甜派還是鹹派，都能烘烤出質地鬆軟&表面香脆的口感。

完成後
立即食用！
因為會變硬，所以要吃之前要再次加熱。

經過幾天
都還很好吃
以保鮮膜整個包覆，經過幾天還是能保持原有的蓬鬆度和味道。

麵糊倒至
杯子五分滿
因為很容易溢出，所以高度以一半為標準。

麵糊倒至
杯子七分滿
以馬克杯的六～七分滿為標準。

為了避免失敗

要調節瓦數

電子微波爐以600W為主流加熱模式，不僅加熱效果佳，只要一下子就能讓麵糊膨脹……。至於本書的食譜則是以300W的設定為主。加熱時要持續注意加熱狀態，來調整加熱時間的長短。

只要事先預熱

接下來只要

按一個按鍵即可

因為需要預熱，所以給人留下烘烤甜點過程很麻煩的印象。但其實只要趁著將材料混合的這段時間預熱，接下來就可以好好休息了。不像使用微波爐那樣容易出現問題，更重要的是烘烤出來的口感特別鬆軟&酥脆。

本書的使用說明

· 馬克杯如果沒有特別標示，通常都是使用底8cmx高7cm，容量170ml的馬克杯。
· 如果沒有特別標示，雞蛋一律使用L 尺寸（60g），奶油的部分使用無鹽奶油，砂糖則是使用上白糖。
· 1小匙是5ml，1大匙是15ml，1杯是200ml。
· 進行「加熱」動作的微波爐600W加熱時間，如果是使用500W請調整為1.2倍。另外由於不同機種的加熱程度有所差異，所以使用時還是需要注意加熱狀態進行調整。而「烘烤」蛋糕的加熱動作則是要按照食譜指示，建議還是以300W進行。
· 烤箱是使用電子烤箱，使用前要先預熱。不同機種的加熱程度會有所差異，所以請以表定時間為標準，再自行視狀況做調整。
· 在操作本書內容而造成損害或損失一概不予負責，所以在工具和馬克杯的使用期限與安全性的部分，要特別注意。

經常使用的材料

以下介紹本書食譜經常使用的材料。在超市和材料行都很容易購買，找找看哪些是你愛用的材料。

低筋麵粉

因為很容易結塊，所以要先過篩。

雞蛋

使用的是L尺寸（60g），蛋白和蛋黃要確實分開。

砂糖

主要是使用表面光滑的顆粒狀白砂糖。

泡打粉

會加入需要膨脹的甜點內。

鹽

用來提味，像是鹹蛋糕等鹹味甜點。

奶油

用來製作麵糊和作為塗抹馬克杯的油脂，使用不含鹽的奶油。

牛奶、鮮奶油

牛奶可以使用低脂牛奶，鮮奶油則是使用脂肪含量45%的程度。

奶油乳酪

使用沒有臭味的新鮮起司。

植物油

本書是使用米油，也可以使用沙拉油。

巧克力

使用甜點用的巧克力，也可以使用巧克力磚。

明膠粉

主要是以動物骨骼和皮膚等部位的蛋白質為原料製成，會加在需要冷卻凝固的甜點裡。

優格

使用無添加糖分的原味優格。

關於馬克杯

挑選自己喜歡的馬克杯來製作屬於自己的馬克杯蛋糕！本書的食譜內容基本上都是使用底8cm×高6cm（容量170ml），具耐熱性的馬克杯。材質方面則是有瓷器、陶器以及玻璃製等各式各樣的原料製成。根據不同的食譜，有時候也會善用紙杯或塑膠杯來製作，所以使用前要仔細確認杯子是否具備能使用微波爐、烤箱加熱，以及放入冰箱冷凍等的耐熱性與耐冷性。另外，馬克杯的外型也有可能會影響到蛋糕的膨脹與熱傳導程度，所以在使用時還是得隨時注意狀態變化。

使用的工具

不需要使用到特別的工具，但尺寸較小的工具在使用上會比較方便。

1　攪拌器
考慮到馬克杯的分量，使用手持式攪拌器會比較輕鬆方便。

2　鋼盆
由於製作的麵糊分量較少，所以建議使用較小的鋼盆。

3　電子秤
將馬克杯和鋼盆放上去，數值歸零後就能使用的電子秤較為便利。

4　打蛋器
比一般的打蛋器還要小的尺寸，用起來很方便。

5　湯匙
能舀起麵糊和混合攪拌的湯匙為佳。也能裝飾鮮奶油。

6　奶油抹刀
塗抹鮮奶油以及將蛋糕從馬克杯中取出時使用。

7　橡皮刮刀
方便混合攪拌材料，還能將多餘的麵糊等材料刮除，使用上很方便。

8　量匙
液體和粉類都要確實測量分量，1小匙為5ml，1大匙為15ml。

9　過篩器具
用來過篩粉類再放入鋼盆的濾網，以及以糖粉裝飾表面時會用到的茶葉濾網。

BEST OF
馬克杯蛋糕

首先要來介紹10種經過嚴選的馬克杯蛋糕，力薦各位能親自動手做做看。除了外觀看起來精緻和做法簡單外，就連味道也不會輸給正統的蛋糕。馬克杯蛋糕可以做出最具人氣的杯子蛋糕、蒸蛋糕、布丁、香蕉蛋糕、約克夏布丁等，可反覆更換作為每天的早餐或零食點心享用。

BEST OF MUG CUP CAKE!

Let's try !

優格讓口感變得蓬鬆、溫潤且散發不膩口的甜味。
材料簡單的4種馬克杯蛋糕

純味馬克杯蛋糕

ingredients

材料（容量170ml的馬克杯各2個）

*原味
雞蛋 ································· 1個
　　┌ 低筋麵粉 ············· 50 g
　A │ 泡打粉 ················· 1/3小匙
　　└ 砂糖 ·················· 30 g
原味優格 ······················ 20 g
無鹽奶油 ······················ 20 g

*藍莓口味
原味的材料（參照上方記載）
＋藍莓　20個

*巧克力口味
將原味材料A的低筋麵粉減少1小匙分量，加入無糖可可粉1小匙
＋巧克力（建議使用苦味巧克力）　20 g

*抹茶口味
將原味材料A的低筋麵粉減少1/2小匙分量，加入抹茶1/2小匙

preparation
事前準備

・馬克杯內塗抹奶油（分量外）

recipe

做法

（混合） **1** 將材料 **A** 過篩倒入鋼盆內，接著加入雞蛋、優格後以打蛋器混合攪拌。

2 奶油放入馬克杯內，以微波爐（600W）加熱40秒讓奶油融化，然後再加入 **1** 攪拌。※藍莓口味的做法是先將一半的藍莓放入麵糊內混合。巧克力口味則是先將巧克力削成碎片再放入麵糊內混合。

3 擦拭馬克杯內多餘的奶油，接著將 **2** 倒入馬克杯約一半的高度。※藍莓口味則將剩下的藍莓隨意放在麵糊上。

（烘烤） **4** 使用微波爐加熱要先以保鮮膜寬鬆包覆杯口，然後同時放入2個馬克杯，以300W加熱，視膨脹情況加熱4分鐘。※使用烤箱烘烤則是要將麵糊倒入馬克杯約七分滿，然後以170度烘烤25分鐘。

 TIPS 6種材料就能做出原味麵糊！

只需要有雞蛋、低筋麵粉、泡打粉、砂糖、原味優格和奶油這6種材料，就能輕鬆完成。這個食譜不論是使用微波爐還是烤箱，都能做出美味的蛋糕。

利用蒸烤方式產生滑嫩口感

卡士達布丁

ingredients

材料（容量170ml的馬克杯3個）

牛奶	240ml
雞蛋	2個
香草莢	1/4根
砂糖	3小匙＋40 g

preparation

事前準備

· 烤箱以160度預熱。

recipe

做法

混合

1 每個馬克杯都加入1小匙砂糖和1/4小匙的水，將3個馬克杯同時放入微波爐（600W）內加熱2分30秒。等到呈現醬油色後將所有馬克杯取出，朝各個馬克杯倒入1/4小匙的熱水後攪拌製作焦糖的部分。

2 鋼盆內放入雞蛋、砂糖40g和取出的香草籽，接著以打蛋器混合攪拌。

3 將牛奶和香草莢放入耐熱容器內，以微波爐（600W）加熱2分鐘，等到有蒸氣出現（還未沸騰的狀態），接著再加入**2**混合攪拌。

烘烤

4 以濾網過濾後倒入馬克杯。在烤盤上倒入約1.5cm高的熱水，然後放上馬克杯，接著放入烤箱以160度蒸烤30分鐘。完成後等到馬克杯放涼，再放入冰箱冷藏。

 微波爐也能夠製作！
以保鮮膜寬鬆包覆杯口，將3個馬克杯同時放入，以300W加熱5分鐘（如果是分開加熱，則各需要加熱約2分鐘）。

\ 做成布丁聖代 /

Arrange

只要放上打發的鮮奶油、香蕉、櫻桃（或是草莓）、哈密瓜等喜歡的水果做裝飾，就完成了這道布丁聖代。

TIPS 飄散出甜香的香草莢
製作甜點時經常會使用到香草香料，其中使用香草莢製作是最正統的做法。但其實也能夠滴幾滴香草精或香草油來取代。如果是需要加熱的甜點，建議還是使用香草油。

加熱後的香蕉甜味和黏稠感，以及融化的蜂蜜都讓人食慾大開

香蕉麵包

ingredients

材料（容量170ml的馬克杯4個）

香蕉	2條（將其中的60g壓成泥）
砂糖	40g＋2小匙
雞蛋	1個
沙拉油	60g
A ┌ 低筋麵粉	90g
└ 泡打粉	1小匙
＊裝飾用	
蜂蜜	4小匙
奶油	2小匙

preparation

事前準備

・馬克杯內塗抹奶油（分量外）。
・烤箱以190度預熱。

recipe

做法

1 將60g香蕉放入鋼盆內，使用叉子壓成泥狀。然後加入砂糖40g、雞蛋、油，並持續混合攪拌，接著將**A**過篩後倒入混合。

2 剩下的香蕉切成薄片狀，留下16片將其他部分放入 **1** 混合。

3 麵糊平均倒入每個馬克杯，各放上4片香蕉片，再各自撒上1/2小匙砂糖，接著放入烤箱以190度烘烤20分鐘。最後在完成的麵包表面各淋上1小匙蜂蜜和1/2小匙的奶油。

微波爐也能夠製作！
將麵糊倒入每個馬克杯的一半高度，然後以保鮮膜寬鬆包覆杯口，1次放入2個馬克杯以300W加熱4分鐘。

TIPS 使用叉子
將香蕉壓成泥狀

麵糊加入香蕉泥和香蕉片混合攪拌，麵包便會香氣四溢且口感佳。香蕉泥壓成半固體狀即可。

Sweet ♡

Q彈滑嫩口感和草莓香氣在口中擴散

草莓芭芭露亞

ingredients

材料（容量170ml的馬克杯4個）

草莓 ·················	180 g（淨重）
砂糖 ·················	30 g
白巧克力 ·············	30 g
明膠粉 ···············	5 g
鮮奶油 ···············	120 ml

preparation

事前準備

· 明膠粉加入1大匙的水後靜置5分鐘。
· 草莓搗壓成泥狀。

recipe

做法

 1 鍋子裡放入草莓果泥和砂糖後開火，煮至沸騰後關火，接著加入白巧克力攪拌至融化。

2 將吸水的明膠加入鍋裡後攪拌至融化。然後將鍋底隔著冰水，等待冷卻的同時持續攪拌至呈現黏稠狀。

3 鮮奶油打發至九分狀態，將一半倒入 **2** 以打蛋器混合。接著再全部倒回裝有打發鮮奶油的鍋盆內，並以橡皮刮刀混合。

 4 倒入馬克杯，放入冰箱冷藏1個小時以上等待冷卻凝固。可依喜好在表面擺上草莓。

外酥內軟的熱呼呼口感，瀰漫著融化的幸福感

巧克力爆漿蛋糕

ingredients

材料（容量170ml的馬克杯3個）

雞蛋 …………………………………	1個
砂糖 …………………………………	10 g
巧克力 ………………………………	40 g
無鹽奶油 ……………………………	30 g

preparation

事前準備

· 馬克杯內塗抹奶油（分量外）。
· 烤箱以200度預熱。

recipe

做法

混合 1 巧克力切碎和奶油一起放入鋼盆內，底下隔著熱水攪拌至融化。

2 將雞蛋和砂糖放入另一個鋼盆，使用手持式攪拌器攪打至發泡狀態。接著倒入 **1**，使用橡皮刮刀以不要破壞泡沫的方式混合。

冷藏 3 倒入馬克杯，放入冰箱冷藏約1個小時。

烘烤 4 放入烤箱以200度烘烤8分鐘。

＼ 在烘烤前要確實冷卻 ／

Before

在烘烤前先冷藏，能夠讓蛋糕的外側確實受熱，內部則是呈現黏稠的液態狀。冷藏時間延長也不會造成影響，只是需要將加熱時間延長。

不需要酵母的簡單食譜！早餐的最佳選擇

肉桂捲

ingredients
材料（容量170ml的馬克杯2個）

*麵團

A
低筋麵粉	…………	75 g
鹽	…………	1小撮
砂糖	…………	10 g
泡打粉	…………	1/2小匙

鮮奶油 ……………………… 80 ml
砂糖 …………………………… 2大匙
肉桂粉 ……………………… 1/2小匙

*起司奶油
奶油乳酪 …………………… 30 g
無鹽奶油 …………………… 10 g
糖粉 ………………………… 10 g

preparation
事前準備

‧馬克杯內塗抹奶油（分量外）。
‧烤箱以190度預熱。

recipe
做法

混合揉製成型

1 將A過篩倒入鋼盆內，加入鮮奶油以橡皮刮刀混合。

2 將麵粉揉製成團後，在桌面撒上手粉（適量低筋麵粉，分量外），讓麵團表面沾上麵粉後以擀麵棒擀平。接著摺成3褶後旋轉90度，再次以擀麵棍擀平。然後再摺成3褶後旋轉90度，以擀麵棒擀成7X15cm的大小。

3 麵團表面均勻撒上砂糖和肉桂粉，從靠近身體一端往前捲起（呈現直徑7cm的圓筒狀）。接著以保鮮膜包覆靜置約20分鐘。

烘烤

4 將麵團切半，切口朝上放入馬克杯內。放入烤箱以190度烘烤25分鐘。

5 將起司奶油的材料混合，使用湯匙塗抹在 **4** 的表面，然後依喜好撒上肉桂粉。

剛好能放入
稍微捲起的麵團

Before

由於麵團經過烘烤會稍微膨脹，所以不需要緊壓捲起。因為切口朝上擺放，所以烘烤後會膨脹得均勻漂亮。

濃郁抹茶與馬斯卡彭起司的絕妙搭配所創造出的和風甜點

抹茶提拉米蘇

ingredients

材料（容量170ml的馬克杯3個）

海綿蛋糕麵糊 ································ 容量170ml的馬克杯3個分量
（以微波爐製作的做法參照p.93，以烤箱烘烤的做法參
照p.80。也可使用市售的海綿蛋糕）

＊起司奶油
馬斯卡彭起司 ································ 100 g
砂糖 ·· 20 g
鮮奶油 ······································· 100 ml
＊抹茶糖漿
抹茶 ·· 5 g
砂糖 ·· 20 g

preparation

事前準備

‧製作海綿蛋糕，或是將市售的海綿蛋糕
切割成符合馬克杯口徑的大小。

recipe

做法

1 製作抹茶糖漿。抹茶過篩後加入砂糖混合，接著倒入
100ml的熱水混合攪拌均勻後放涼。

2 製作起司奶油。將馬斯卡彭起司放入鋼盆內，加入
砂糖後以打蛋器混合攪拌均勻。

3 使用另一個鋼盆將鮮奶油打發至七分程度，然後加
入 **2** 以橡皮刮刀混合。

4 海綿蛋糕橫向對半切開，將表面全都沾滿 **1**。

5 在馬克杯內放入一塊又一塊的蛋糕體。以 **3** 的鮮奶
油、一塊蛋糕體、奶油的穿插方式，按順序堆疊。
接著放入冰箱冷藏約1小時使其調和，最後依喜好撒
上過篩的抹茶。

TIPS 馬克杯也能用來
製作海綿蛋糕

使用馬克杯製作海綿蛋糕
就不用擔心尺寸問題，也
不需要準備模具，輕鬆就
能做出少量成品。而且不
論是烤箱或是微波爐都能
製作！

原味

大理石花紋

基本款經典食譜之一。早餐或是零嘴的最佳選擇

蒸蛋糕

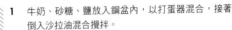

ingredients

材料（容量170ml的馬克杯3個）

＊原味

牛奶 ································· 110 ml

砂糖 ································· 30 g

鹽 ··································· 1小撮

沙拉油 ······························ 20 g

A ┌ 低筋麵粉 ························· 100 g
　└ 泡打粉 ·························· 1小匙

＊大理石花紋

原味材料（參照上方記載）

B ┌ 牛奶 ·························· 1/4小匙
　└ 無糖可可粉 ······················ 2 g

preparation

事前準備

· 馬克杯內塗抹一層薄薄油脂（分量外）。

recipe

做法

1 牛奶、砂糖、鹽放入鍋盆內，以打蛋器混合，接著倒入沙拉油混合攪拌。

2 將A過篩並以橡皮刮刀攪拌均勻。＊大理石花紋口味則要將原味的一半麵糊，加入混合後的B後再攪拌。

3 將2倒入馬克杯一半的高度，以微波爐（300W）同時加熱3個馬克杯5分鐘。※大理石花紋口味則是要朝馬克杯交互倒入2的少許麵糊，稍微混合後以相同方式加熱。

鍋子也能製作！

與p.32一樣朝鍋內倒入熱水，接著擺放馬克杯（不需要包覆鋁箔），鍋蓋則是包覆毛巾後稍微歪斜地蓋住鍋子，然後以中火蒸烤12分鐘。完成品的口感會相當蓬鬆！

TIPS 蒸蛋糕可以利用家中既有材料製作！

只需要每個家庭都會有的低筋麵粉、泡打粉、牛奶、沙拉油、砂糖和鹽這6種材料就能製作。這是不論使用微波爐加熱或是烤箱烘烤都可完成的食譜。

類似丹麥麵包香味四溢的麵糊，烘烤出酥脆又Q彈的絕妙口感

約克夏布丁

ingredients

材料（容量170ml的馬克杯3個）

雞蛋	1個
牛奶	60 ml
鹽	少許
低筋麵粉	30 g
無鹽奶油	10 g

preparation

事前準備

· 烤箱以200度預熱。

recipe

做法

混合

1. 鋼盆內放入雞蛋、牛奶和鹽，以打蛋器混合攪拌。

2. 在另一個鋼盆內放入低筋麵粉，分次加入少量的 **1**，持續以打蛋器均勻混合。攪拌直到麵糊變得滑順，然後再持續攪打至確實均勻混合。

3. 馬克杯內放入奶油，以微波爐（600W）加熱約30秒直到融化。接著將奶油加入 **2** 混合均勻，然後靜置約15分鐘。

4. 將 **3** 的馬克杯內剩餘奶油塗抹均勻，接著把 **3** 的麵糊倒入馬克杯內。

烘烤

5. 放入烤箱以200度烘烤20分鐘，接著調降至160度再烘烤15分鐘。最後可依喜好塗抹奶油、果醬、蜂蜜和楓糖漿等配料一起食用。

加熱後會大幅膨脹
因此麵糊只要倒入一半

Before　After

約克夏布丁的麵糊經過烘烤會一口氣向上膨脹，所以最好選用杯身較高的馬克杯。倒入馬克杯的麵糊只需杯身一半高度即可。

做成三明治享用
也十分美味！

Arrange

夾入大量的萵苣和火腿，炒蛋和美乃滋的搭配也相當契合。經常會作為早餐或午餐食用，還有和肉類等其他食材的搭配也是不錯的選擇。

使用鍋子和微波爐就能輕鬆蒸烤完成的濃郁起司蛋糕

紐約起司蛋糕

材料（容量170ml的耐熱杯容器3個）

* 麵糊
奶油乳酪 ……………………………… 100 g
砂糖 ……………………………………… 30 g
香草莢 ……………………………… 3 cm 分量
酸奶油 …………………………………… 50 g
低筋麵粉 …………………………………… 5 g
雞蛋 ……………………………………… 1個
* 底部
消化餅乾 ………………………… 3片（20g）
無鹽奶油 …………………………………… 5 g
肉桂粉 ………………………………… 少許

做法

1 杯子容器各放入1片餅乾，使用擀麵棍將其搗碎。朝杯子加入等分量的肉桂粉和奶油，然後將整體混合攪拌均勻，再以擀麵棍朝杯底壓扁。

2 鍋盆內放入奶油乳酪以打蛋器攪拌，加入砂糖和取出的香草籽後均勻混合。接著再按順序加入酸奶油、低筋麵粉、雞蛋並持續混合攪拌均勻。

3 將 **2** 倒入杯子容器內，以鋁箔包覆杯口。鍋子（或是有深度的平底鍋）倒入2cm高的熱水，接著擺放上杯子容器。鍋蓋稍微歪斜蓋上，以小火蒸烤約20分鐘。※冷卻後依喜好可放上覆盆子等食材裝飾。

事前準備

·奶油、奶油乳酪恢復至室溫程度。

微波爐也能製作！
倒入麵糊後使用保鮮膜寬鬆包覆杯口，以300W各加熱1分45秒。

TIPS 鍋內倒入熱水的蒸烤方式
為了平衡周圍熱度會在鍋底鋪上烘焙紙。還有為了不讓鍋蓋所產生的水滴落，會以毛巾包覆住鍋蓋。

Love it!

Tasty

chapter
2

使用微波爐
輕鬆又快速做出
馬克杯蛋糕！

令人開心的是不需要預熱、很快就能完
成，用微波爐製作一道道的馬克杯甜點。
為了找出該如何以微波爐製作鬆軟美味蛋
糕的配方，在研究作法上花了很大功夫。

Speedy ♂

EASY
TO
MAKE!

Tasty ♡

使用微波爐就能做出口感鬆軟的戚風蛋糕

紅茶戚風蛋糕

ingredients

材料（容量170ml的馬克杯3個）

＊紅茶液
紅茶的茶葉（伯爵茶）⋯⋯⋯⋯⋯ 3 g
熱水 ⋯⋯⋯⋯⋯⋯⋯⋯⋯⋯⋯ 20 ml
＊戚風蛋糕麵糊
雞蛋 ⋯⋯⋯⋯⋯⋯⋯⋯⋯⋯⋯ 1個
砂糖 ⋯⋯⋯⋯⋯⋯⋯⋯⋯⋯⋯ 30 g
A 低筋麵粉 ⋯⋯⋯⋯⋯⋯⋯⋯ 30 g
　紅茶的茶葉 ⋯⋯⋯⋯⋯⋯⋯ 1 g
＊裝飾用
紅茶的茶葉 ⋯⋯⋯⋯⋯⋯⋯⋯ 少許

recipe

做法

（混合）**1** 茶壺內放入茶葉和熱水靜置3分鐘。

2 鋼盆內放入雞蛋和砂糖，以手持式攪拌器持續攪打至起泡狀態。將 **A** 過篩加入，使用橡皮刮刀以不要破壞泡沫的方式混合，接著加入1小匙的 **1** 後混合攪拌。

（加熱）**3** 將 **2** 倒入馬克杯內一半的高度，撒上裝飾用的茶葉。以保鮮膜寬鬆包覆杯口，以微波爐（150W）各加熱2〜3分鐘。※若是在加熱過程中馬克杯邊緣有麵糊膨脹溢出，就表示已經加熱完成。最後可以依喜好適量放上打發的鮮奶油。

TIPS 建議使用伯爵茶的茶葉

推薦使用容易散發紅茶香氣的伯爵茶，紅茶的3g茶葉差不多是1個茶包的分量。

利用馬克杯和微波爐做出大眾喜愛的法式吐司！

法式吐司

ingredients

材料（容量170ml的馬克杯2個）

麵包（布里歐麵包、吐司、長棍麵包等）	100 g
無鹽奶油	10 g
*蛋液	
A ┌ 雞蛋	1個
├ 牛奶	100 ml
├ 砂糖	15 g
└ 柑橘果醬	2大匙

preparation

事前準備

・馬克杯內塗抹奶油（分量外）。
・麵包切成一口大小。

recipe

做法

 1 鋼盆內放入 **A** 以打蛋器混合，將麵包放入浸泡10分鐘以上，接著放入馬克杯內。

 2 放上切小塊的奶油，以保鮮膜寬鬆包覆杯口，以微波爐（300W）各加熱2分鐘。可依喜好淋上楓糖漿。

麵包浸泡後
再放入馬克杯內！

Before

浸泡的麵包最好是放入冰箱冷藏一晚會更美味。因為只需要將麵包放入馬克杯，以微波爐加熱2分鐘就可完成，很適合在忙碌的早晨當作早餐享用。

無花果的淡粉色汁液吸引目光

糖煮無花果

ingredients

材料（容量170ml的馬克杯1個）

無花果	2～3個
	（若體積較大則1個）
A 水	100 ml
白酒	20 ml
砂糖	40 g
檸檬切片	1片

recipe

做法

 1 A放入馬克杯內，以微波爐（600W）加熱1分30秒讓砂糖融化。

 2 無花果去皮，若體積較大則需切塊，之後放入**1**。然後放入檸檬切片，以保鮮膜寬鬆包覆杯口，接著使用微波爐（300W）加熱3分鐘。

TIPS

完全去除
無花果的外皮

雖然說無花果可以帶皮吃，
但在製作糖煮水果時，去除
外皮口感會比較軟嫩滑順。

肉桂的香氣讓人上癮。
還放上大量的起司鮮奶油

紅蘿蔔蛋糕

ingredients

材料（容量170ml的馬克杯3個）

紅蘿蔔	40g（1/3條）
雞蛋	1個
黑糖	30g
沙拉油	10g
A ┌ 低筋麵粉	50g
├ 泡打粉	1/3小匙
└ 肉桂粉	1/2小匙
＊起司奶油	
奶油乳酪	30g
無鹽奶油、糖粉	各10g

recipe

做法

 混合

1 紅蘿蔔磨成泥狀放入鋼盆內，加入雞蛋、黑糖和沙拉油後，持續以打蛋器混合攪拌。

2 將A過篩後加入使用橡皮刮刀混合。

 加熱

3 倒入馬克杯內，以微波爐（300W）各加熱約2分鐘，然後放涼冷卻。

4 將起司奶油的材料混合攪拌後放在 **3** 上。

 烤箱也能夠製作！
將2個馬克杯各倒入七分滿的麵糊，再同時放入烤箱，以160度烘烤20分鐘。

享受綿密濃郁的南瓜風味

南瓜布丁

材料（容量170ml的馬克杯3個）

* 焦糖
砂糖 ··· 3小匙
水 ··· 1小匙
* 布丁液
南瓜 ······································ 100 g（1/8個）
A ┌ 砂糖 ·· 30 g
　├ 雞蛋 ·· 2個
　├ 牛奶 ·· 2/3杯
　└ 鮮奶油 ······································· 50 ml
* 裝飾用
南瓜 ·· 適量

事前準備

· 按照p.17「卡士達布丁」做法1相同方式製作焦糖。
· 南瓜削皮切成一口大小。放在耐熱盤上以保鮮膜寬鬆包覆，使用
　微波爐（600W）加熱2分鐘，然後趁熱將南瓜搗碎並過篩。裝飾
　用的南瓜切成1cm的方形並同時以微波爐加熱。

做法

混合　**1**　鋼盆內放入南瓜，按順序加入 **A** 持續混合攪拌均勻。
　　　　　※如果有果汁機可將所有材料放入攪打。

加熱　**2**　將攪拌好的材料倒入有焦糖的馬克杯內，以保鮮膜寬鬆包覆杯口，
　　　　　接著使用微波爐（300W）各加熱2分30秒。

　　　3　最後依喜好放上打發的鮮奶油和裝飾用的南瓜。

加入芋頭等食材的泰式甜點。
介於布丁和番薯之間的軟彈口感

泰式椰奶布丁

ingredients

材料（容量170ml的耐熱杯容器3個）

芋頭 ·················· 150 g（淨重）

A ┌ 椰奶 ················ 150 ml
  │（或者將椰奶粉40g加上110ml的熱水攪拌融化）
  │ 雞蛋 ················ 2個
  └ 黑糖 ················ 40 g

recipe

做法

1 芋頭去皮後水煮約15分鐘直到質地變軟，然後把表面附著的水分濾乾。

2 將**1**和**A**放入果汁機混合攪打成滑順的泥狀。

3 倒入馬克杯內，以保鮮膜寬鬆包覆杯口，使用微波爐（300W）各加熱2分30秒。※趁熱吃也很好吃，不過放入冰箱冷藏也很美味。享用時可依喜好放上油炸洋蔥絲。

TIPS

黑糖的醇厚滋味！
由甘蔗製作而成的黑褐色砂糖，因為口感醇厚香甜，所以市面上也出現了名為「甘蔗砂糖」的商品。

入口即化的濃醇感加上檸檬的清爽風味，讓人不上癮也難

舒芙蕾起司蛋糕

ingredients

材料（容量170ml的馬克杯3個）

奶油乳酪 ······················	75 g
砂糖 ····························	40 g
原味優格 ······················	150 g
蛋黃 ····························	1個分量
蛋白 ····························	1個分量
低筋麵粉 ······················	15 g
檸檬皮屑 ······················	1/3個分量
檸檬扇形薄切片 ··············	3片

preparation

事前準備

· 優格要花3小時左右瀝乾水分（瀝水後為75g）。
· 奶油乳酪恢復至室溫程度。
· 馬克杯內塗抹一層薄奶油（分量外）。

recipe

做法

1 鋼盆內放入奶油乳酪和砂糖20g，以打蛋器混合攪拌至變得滑順。接著按順序加入優格和蛋黃並持續攪拌。然後再加入檸檬皮屑和過篩的低筋麵粉，以打蛋器混合攪拌。

2 在另一個鋼盆內放入蛋白和砂糖20g，使用打蛋器攪打至蛋白能夠立起的狀態。

3 將 **2** 分2次加入 **1** ，使用打蛋器以不要破壞泡沫的方式混合。

4 倒入馬克杯內（約馬克杯一半的高度）並將表面弄平。以保鮮膜寬鬆包覆杯口，使用微波爐（300W）加熱1分鐘，然後放上檸檬切片再加熱1分鐘。※一次加熱1個馬克杯。加熱完成後會快速向上膨脹，不過還是會回復原來的高度。

烤箱也能製作！
與p.79的舒芙蕾相同做法，放入烤箱倒入熱水以160度加熱蒸烤25分鐘。

 TIPS 輕鬆就能去除優格水分
咖啡濾紙是方便用來瀝乾優格水分的工具。如果沒有咖啡濾紙，也可以使用烘焙紙和毛巾墊在底下。要是去除過多水分，就要再加回濾掉的水分調整至75g。

Good morning

Bonj

Oui!

可自由放入蔬菜和西班牙香腸♪令人食慾大開的早餐選擇

西班牙香腸
卡門伯特鹹蛋糕

ingredients

材料（容量170ml的馬克杯3個）

＊麵糊

A
- 雞蛋 ····················· 1個
- 鹽 ······················· 2小撮
- 胡椒 ····················· 少許
- 牛奶 ····················· 40 ml
- 橄欖油 ·················· 30 g

B
- 低筋麵粉 ·············· 60 g
- 泡打粉 ·················· 1/2小匙

洋香菜 ···················· 適量

＊內餡

卡門伯特乳酪 ·········· 1/2個
豌豆莢 ····················· 6個
綠蘆筍 ····················· 3根
甜椒（不限顏色）········ 加起來1/2個分量
西班牙香腸（或是一般香腸）········· 3條

preparation

事前準備

· 馬克杯內塗抹奶油（分量外）。
· 蘆筍要將根部較硬部分切除。

recipe

做法

1 豌豆莢去除邊緣粗纖維，以鹽水燙熟。將蘆筍、甜椒切成稍微高於馬克杯的細長條狀，卡門伯特乳酪切成1cm的厚度，洋香菜則是切碎約1大匙的分量。

2 鋼盆內放入 **A** 以打蛋器混合均勻，加入過篩的 **B** 使用橡皮刮刀混合攪拌，接著放入切碎的洋香菜攪拌均勻。

3 馬克杯內倒入 **2** 的麵糊（約馬克杯一半的高度），然後再放入起司、蔬菜和西班牙香腸。以保鮮膜寬鬆包覆杯口，放入微波爐（300W）各加熱2分30秒。

\　直立放入內餡！　/

蔬菜、西班牙香腸等內餡以直立方式放入。因為倒入的麵糊有空隙空間，所以不會溢出，而且還能品嘗到多樣的內餡食材。

讓人沉迷的柔和香氣與濕潤的濃郁口感

布朗尼

ingredients

材料（容量170ml的馬克杯3個）

巧克力（苦甜）··············	50 g
無鹽奶油··················	25 g
雞蛋····················	1個
牛奶····················	1大匙
A ┌ 低筋麵粉··············	30 g
│ 無糖可可粉·············	5 g
└ 泡打粉···············	1/3小匙
核桃····················	2大匙

preparation

事前準備

· 馬克杯內塗抹奶油（分量外）。
· 核桃在鍋中稍微拌炒上色。

recipe

做法

1 鋼盆內放入巧克力和奶油，底下隔著熱水使其融化再以打蛋器混合攪拌。接著加入攪打後的蛋液和牛奶混合，再加入過篩的 **A**，然後使用橡皮刮刀以下切方式攪拌。

2 麵糊倒入馬克杯內，再撒上核桃。保鮮膜寬鬆包覆杯口，以微波爐（300W）各加熱1分30秒。

烤箱也能製作！
核桃不需拌炒上色，直接撒上核桃，放入烤箱以160度烘烤20分鐘。

TIPS 核桃拌炒上色
香氣會更濃厚

核桃放入鍋中稍微拌炒上色，能使香氣更為明顯，或是放入烤箱以170度烘烤8分鐘。另外也可以依喜好加入其他的堅果。

CHOCOLATE

yummy!

提升視覺效果，看起來更好吃的點綴配料

只需要簡單的裝飾就能讓視覺效果&美味程度更上一層樓。
以下就來介紹幾個擺盤和裝飾的例子。

Cream & Sauce

打發鮮奶油

可依喜好調整軟硬程度與是否加入砂糖。直接擠壓裝飾或是將鬆軟鮮奶油泡沫放在湯匙上都很搶眼！

卡士達奶油

推薦使用微波爐簡單就能完成的食譜（p.73），或是搭配打發鮮奶油也很對味。

巧克力醬

將巧克力隔著熱水攪拌至融化，或是參照p.81的做法 3。當然也可以選用市售的巧克力醬。

起司奶油

只要將奶油乳酪、奶油、糖粉混合在一起就能完成（p.24、40）。適合與甜點、麵包做搭配。

果醬

選用喜歡的果醬口味。可以選用市售品，但本書也有介紹如何輕鬆做出果醬的方法（p.76）。

蜂蜜

蜂蜜和楓糖漿本身所散發的香氣，以及醇厚甜味和光澤感都能為甜點加分。與奶油也很搭配。

Fruits

喜歡的水果

檸檬等水果外皮

莓果系水果和櫻桃是杯子蛋糕的第一首選。將檸檬或橘子外皮削成薄絲，散發出的香氣更是讓人唇齒留香。

Powder

抹茶

帶點微苦的成人口味，撒在表面時要使用茶葉濾網等工具過濾。

可可粉

使用無糖可可粉而產生些許微苦味，可以依喜好加入糖粉。裝飾前要先以茶葉濾網過濾。

糖粉

撒上糖粉看起來就像是雪景一般，可以選用裝飾用、不容易融化的加工糖粉。

Nuts

Coconut

核桃

杏仁片

開心果

挑選自己喜歡的堅果，可以作為表面裝飾或是放入麵糊當餡料。堅果表面加熱上色香氣會更明顯。

椰子絲

椰子條

將椰子切割成條狀的是椰子條，更細小的則是椰子絲。

Topping

葡萄乾

挑選自己喜歡的果乾，可以直接放在表面或是放入麵糊混合。

裝飾食用銀珠

善用閃耀炫麗的裝飾食用銀珠等市售的甜點配料♪

餅乾

消化餅乾以及OREO等餅乾不只能作為起司蛋糕的底層，也可以搗碎變成碎屑狀使用。

棉花糖

輕盈柔軟的棉花糖有各種尺寸和顏色，可依喜好挑選。

炸洋蔥絲

其實跟甜點很對味！本書在亞洲甜點「泰式椰奶布丁」中有使用。

Chapter

3

冰涼Q彈讓人暑氣
全消的馬克杯甜點

除了包括需要放入冰箱冷藏的芒果布丁、
半熟起司蛋糕等知名甜點以外，還介紹了
巴西莓果泥等適合作為早餐的最新食譜，
以及利用冰箱冷凍庫製作的人氣冰淇淋。
材料簡單而且不需要加熱就能完成，冷藏
後還能保存一段時間。

yummy
yummy
yummy!

優格與奶油乳酪混合，再加上鮮奶油的滑順口感，真是無可挑剔

OREO半熟起司蛋糕

ingredients

材料（容量170ml的馬克杯3個）

奶油乳酪	150 g
砂糖	60 g
原味優格	200 g
明膠粉	5 g
鮮奶油	100 ml
OREO餅乾	3片

preparation

事前準備

・明膠粉放入耐熱容器內，倒入1大匙水後靜置5分鐘。
・奶油乳酪恢復至室溫程度。

recipe

做法

（混合）**1** 馬克杯內各放入1片OREO餅乾，使用擀麵棍搗碎並往下擠壓使其變得緊密。

2 鋼盆放入奶油乳酪和砂糖，以打蛋器混合，然後加入優格攪拌。

3 將吸水膨脹的明膠以微波爐（600W）加熱20秒使其融化。然後加入少量的 **2** 攪拌混合，接著再倒回 **2** 的鋼盆內快速攪拌，再加入鮮奶油混合。

（冷藏）**4** 倒入 **1**，放入冰箱冷藏約3小時等待冷卻凝固。最後依喜好放上切塊的鳳梨和OREO餅乾做裝飾。

TIPS 只要將餅乾搗碎
就成了甜點的基底！

夾著奶油糖霜的OREO餅乾可以直接搗碎，作為蛋糕的底部。如果是使用一般的餅乾，則還要加入奶油混合（參照p.32）。

將番薯柔和的甜味和鬆軟的口感
濃縮至馬克杯中！

番薯羊羹

ingredients

材料（容量170ml的馬克杯2個）

番薯	200 g（1條）
砂糖	20 g
A 水	150 ml
寒天粉	1 g

recipe

做法

（混合） **1** 番薯去皮只留下1/3的外皮，切成一口大小浸泡在水裡約3分鐘，然後水煮約15分鐘。

2 將 **A** 放入耐熱容器內均勻混合，以微波爐（600W）加熱2分鐘。取出後再次攪拌，接著再加熱1分鐘。取出後再次攪拌，然後再加熱1分鐘。

（冷藏） **3** 將 **1** 水分瀝乾，與 **2** 和砂糖一起放入果汁機內攪打。接著倒入馬克杯內，將表面弄平坦，放入冰箱內冷藏2小時以上等待冷卻凝固。

TIPS

番薯要浸泡在水裡
去除髒汙

以縱向間隔方式去除部分番薯外皮，然後浸泡在水裡。因為留有部分外皮，所以完成後能提升視覺效果。但也可以選擇將全部的外皮去除。

芒果香氣在口中擴散的南國甜點

芒果布丁

ingredients
材料（容量170ml的杯子容器3個）

芒果罐頭	1罐
明膠粉	5 g
A ┌ 熱水	1/4杯
│ 砂糖	30 g
└ 椰奶粉	20 g
鮮奶油	70 g

preparation
事前準備

· 明膠粉加入1大匙的水後靜置約5分鐘。
· 芒果加上汁液總重量要達到280g。

recipe
做法

1 將符合重量的芒果連同汁液倒入果汁機內攪打成泥狀，接著把其中的30g裝飾用部分取出，剩餘的250g放入鋼盆內。

2 將吸水膨脹的明膠加入A混合攪拌至明膠融化。然後倒入1的鋼盆，使用橡皮刮刀混合，接著再加入鮮奶油混合攪拌。

3 倒入杯子容器內，放入冰箱冷藏3小時以上冷卻凝固。最後在表面放上芒果泥作裝飾。

TIPS

罐頭芒果十分方便！
由於芒果價格較高還有季節限定，所以建議使用罐頭芒果。當然手邊有新鮮芒果的話是最好的。

FREEZING!

帶有些許苦味的烘焙茶與黑糖蜜的絕妙搭配！

烘焙茶冰沙

ingredients

材料（小的杯子容器4個）

烘焙茶的茶葉	10 g
砂糖	60 g
酢橘（或是綠檸檬、柚子等）	適量
黑糖蜜	適量

recipe

做法

1 烘焙茶倒入 2 杯熱水放置5分鐘後加入砂糖混合攪拌。

2 放涼之後倒入保鮮盒，放入冰箱冷凍3小時以上。

3 凝固後使用叉子弄散，接著放入馬克杯內（維持鬆散不需擠壓）。※若是冰凍時間較長則是需要放置在常溫下約10分鐘，才比較容易弄散。最後再放上綠色檸檬切片和淋上黑糖蜜。

TIPS

以叉子推刮方式
弄得鬆散

在冰沙冷凍凝固期間，先以叉子來回刮個1、2次，適度讓空氣可以進入，成品會更美味。

蘭姆酒滲透進布里歐麵包，散發出蘭姆酒香氣的大人甜點

法式蛋糕

ingredients

材料（容量170ml的馬克杯2個）

布里歐麵包	2個
砂糖	20 g
蘭姆酒	2小匙
鮮奶油	40 ml
＊蘭姆酒葡萄乾	
葡萄乾	20 g
蘭姆酒	1大匙

preparation

事前準備

・製作蘭姆酒葡萄乾。葡萄乾清洗乾淨後瀝乾，
　接著放入煮沸的蘭姆酒內放置一個晚上。

recipe

做法

 1 馬克杯內倒入水50ml和砂糖，以微波爐（600W）加熱1分鐘，然後倒入蘭姆酒。

2 布里歐麵包橫向切半，一起放入 **1** 沾濕。將麵包下半部放入馬克杯內，再放上一半的蘭姆酒葡萄乾，接著放上一半打發到八分程度的鮮奶油，最後再放上布里歐麵包的上半部。

 3 放入冰箱冷藏約30分鐘。

 TIPS

布里歐麵包的豐富香氣

如果買不到布里歐麵包，也可以使用奶油捲麵包來代替，最好是使用有加奶油的麵包種類。可依喜好加上水果。

Coffee Break

杯子裡裝的不是咖啡……而是果凍！容易入口的一道記憶中的甜點

咖啡杯子果凍

ingredients

材料（容量170ml的杯子容器3個）

咖啡 …………………………………………	1又1/2杯

（咖啡豆40克加上2杯熱水再慢慢沖泡。
或是1大匙即溶咖啡加上1又1/2杯熱水）

砂糖 …………………………………………	30 g
明膠粉 ………………………………………	5 g
A ┌ 鮮奶油 ………………………………	2大匙
└ 煉乳 …………………………………	10 g

preparation

事前準備

· 明膠粉加入1大匙的水後放置5分鐘。

recipe

做法

 1 熱咖啡加入砂糖，再加入吸水膨脹的明膠後以橡皮刮刀混合攪拌。

 2 倒入杯子容器內放入冰箱冷藏一晚等待凝固。要吃之前再放上混合後的 **A**。

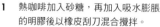

優格與奇異果搭配的清爽冰品

杯子冰棒

ingredients

材料（容量280ml的杯子容器或是紙杯3個）

奇異果	2個
蜂蜜	50 g
原味優格	120 g
砂糖	1小匙
鮮奶油	80 g

recipe

做法

混合

1 將奇異果有較多種籽的中間部分取出50g，放入果汁機攪打，接著再加入蜂蜜和優格混合攪拌。

2 剩下的奇異果切成1cm的方形，然後撒上砂糖。

3 將鮮奶油確實打發，接著加入 **1** 後以打蛋器混合攪拌。

冷凍

4 將 **2** 的2/3分量放入杯子底部。然後將 **2** 流出的水分加入 **3** 混合後倒入杯子內，剩下的 **2** 則是隨意擺放在表面。接著插入木棒放入冰箱冷凍一晚等待凝固。

TIPS

使用紙杯取出更方便！

雖然說也可以使用馬克或鋁箔杯製作，但是紙杯質地較軟，也比較容易破壞杯身以便取出冰棒。

義大利的乳酪風味冰淇淋蛋糕，加入水果乾與堅果營造視覺美感

義式冰淇淋蛋糕

ingredients

材料（容量170ml的馬克杯3個）

原味優格（或是義式乳酪）	300 g
鮮奶油	150 g
砂糖	20 g
蜂蜜	30 g
檸檬皮	1/2個分量
A 橘子皮、小紅莓果乾、 杏仁果、開心果	各20 g
櫻桃白蘭地	1大匙

preparation

事前準備

· 優格進行3小時的去除水分動作（去除水分後為150g）。
  去除水分方式參照p.44。
  ※若使用義式乳酪就不需要去除水分。

recipe

做法

混合

1 將 A 切碎。加熱櫻桃白蘭地使酒精揮發，接著放入橘子皮和小紅莓果乾浸泡。

2 鮮奶油加入砂糖後攪打發至八分程度。

3 鋼盆內放入去除水分的優格、**2**、蜂蜜，然後使用橡皮刮刀以不破壞泡沫的方式混合。然後再放入 **1** 快速混合攪拌。

冷凍

4 倒入馬克杯內，放入冰箱冷凍一晚等待凝固。

TIPS 水果乾和堅果
都要仔細切碎

水果乾、堅果和檸檬皮都
需要切碎，與純白色的乳
酪風味冰淇淋混合後，就
會像珠寶盒那樣絢麗。

巴西莓果泥加上穀物與水果的搭配，早餐的最佳選擇

巴西莓果穀物麥片

ingredients

材料（容量170ml的馬克杯2個）

巴西莓綜合果泥（冷凍）	100 g
香蕉	1條
原味優格	100 g
無花果	1/2個
藍莓	10個
穀物麥片	4大匙

recipe

做法

混合

1　將巴西莓綜合果泥加上1/2條香蕉放入果汁機攪打。

2　無花果和剩下的香蕉切成容易入口的大小。

3　馬克杯內放入優格和 1，接著再放上水果和穀物麥片。

 TIPS　使用巴西莓果泥或果汁都能輕鬆完成

如果買不到巴西莓果泥，其實也可以使用巴西莓果汁來製作。將1/2杯的果汁放入較厚的保鮮袋中，然後放入冰箱冷凍後就可使用。

Love it

ALOHA

家喻戶曉的知名甜點 —— 蜜紅豌豆，也能夠利用杯子來完成！

蜜紅豌豆

ingredients

材料（容量170ml的杯子容器2個）

寒天粉 …………………………………	1/4 小匙
水果罐頭（橘子、水蜜桃、櫻桃等）……	60 g
西瓜 ……………………………………	50 g
紅豌豆（市售）…………………………	2 大匙
黑糖蜜 …………………………………	適量

recipe

做法

（混合）
1 將寒天粉和水200ml放入耐熱容器內，不必包覆保鮮膜直接以微波爐（600W）加熱1分鐘。接著取出混合攪拌均勻，再加熱1分鐘。再次混合攪拌均勻，然後再加熱1分鐘後，混合均勻。※可以不使用微波爐加熱而使用鍋子加熱。這個時候則是要煮至沸騰，然後轉小火持續攪拌煮2分鐘。

（冷藏）
2 倒入杯子內，放涼後放入冰箱冷藏2小時等待凝固。

3 放上切成容易入口大小的水果和紅豌豆，最後再淋上黑糖蜜。

TIPS

寒天粉要確實加熱融化才能凝固

寒天粉的粉末相當細緻，加入水中看起來像是已經融化，但其實還沒融化。必須透過加熱方式使其融化才能順利凝固。

相當吸引人的杏仁香味和滑嫩口感

杏仁豆腐

ingredients

材料（容量170ml的馬克杯3個）

牛奶	250 ml
砂糖	30 g
明膠粉	5 g
鮮奶油	50 ml
杏仁香精	少許
糖漬杏桃（罐頭）	3片
＊糖漿	
A [水	50 ml
[砂糖	20 g

preparation

事前準備

· 寒天粉加入1大匙水後放置5分鐘。
· 煮沸A至砂糖融化後放涼。

recipe

做法

1 鍋子裡放入1/3分量的牛奶和砂糖後開火加熱，等到開始冒出蒸氣就離開爐火，接著加入吸水膨脹的明膠，以橡皮刮刀混合至融化。然後再倒入剩餘的牛奶，鍋底隔著冰水冷卻後，加入鮮奶油和杏仁香精混合攪拌。

2 倒入馬克杯內，放入冰箱冷藏約3小時等待凝固，最後放上糖漬杏桃和放涼的糖漿。

 TIPS 使用杏仁香精
簡單做出道地杏仁風味

杏仁豆腐原本是使用杏仁霜製作，不過只要替換成與杏仁味道相似的杏仁香精，在製作上會更輕鬆♪

67

chapter
4

使用烤箱

做出最好吃的

馬克杯蛋糕

利用烤箱做出內部鬆軟表面香氣四溢的
絕品甜點。或許會給人製作過程繁複的
印象，但其實只要按一個鍵就能輕鬆完
成，而且不會失敗。

Sweet ♥

美味的鬆脆口感，搭配香草冰淇淋和打發鮮奶油一起享用

蘋果奶酥

ingredients

材料（容量170ml的馬克杯3個）

＊微波爐加熱蘋果
蘋果 ······························· 2個（淨重200ｇ）
砂糖 ······························· 40ｇ
＊奶酥
A ┌ 杏仁粉、砂糖 ·············· 各20ｇ
　 └ 低筋麵粉 ·················· 30ｇ
無鹽奶油 ························· 20ｇ

preparation

事前準備

·烤箱以190度預熱。

recipe

做法

 1 蘋果切成8等分厚2mm的扇形薄片，然後塗抹砂糖，並依喜好添加1又1/2小匙的肉桂粉。接著放入耐熱容器內以微波爐（600W）加熱5分鐘。

 2 將 A 過篩放入鋼盆內，再加入奶油，以手指搓揉混合成類似豆渣的狀態。

 3 將 1 放入馬克杯內後放上 2，放入烤箱以190度烘烤30分鐘。

 TIPS

利用指尖搓揉混合攪拌
以指尖搓揉奶酥至呈現類似豆渣的顆粒鬆散觸感狀態，為了保有酥脆口感不要搓揉過度。

利用冷凍派皮就能輕鬆完成。能享受到破壞派皮的樂趣以及與櫻桃的絕妙搭配

櫻桃派

ingredients
材料（容量170ml的馬克杯2個）

美國櫻桃	淨重180 g
冷凍派皮（20X20cm）	1片
砂糖	20 g
蛋白	1/2個分量
蛋黃	1/2個分量

preparation
事前準備

· 烤箱以220度預熱。

recipe
做法

 派皮加工

1 美國櫻桃去籽，撒上砂糖放入馬克杯內。

2 派皮切成一半，再各別分割成8條直條狀。接著編織成2片的4條X4條格子狀派皮，派皮朝下的那一面以手指塗滿蛋白，接著將此面朝下覆蓋住杯口。

 烘烤

3 使用刀子將杯口多餘的派皮去除，表面則是以手指塗抹蛋黃，然後放入烤箱以220度烘烤25分鐘。

TIPS

市售的冷凍派皮
方便使用

派皮因為需要加入奶油多次摺疊，製作過程相當繁複。由於甜點的尺寸是馬克杯大小，特地為此製作派皮也很麻煩。所以只要使用市售的冷凍派皮，就能輕鬆做出十分美味的櫻桃派。

栗子奶油與卡士達奶油的奢侈雙重享受

蒙布朗

ingredients

材料（容量170ml的馬克杯3個）

＊海綿蛋糕

雞蛋 ·· 1個
砂糖、低筋麵粉 ······················ 各30 g
沙拉油 ··· 10 g
※海綿蛋糕可以照著右邊食譜製作，
也可以使用市售蛋糕。
或用蜂蜜蛋糕等其他蛋糕來替代。

＊糖漿

砂糖 ··· 20 g
水 ·· 50 ml
蘭姆酒 ··· 2小匙

＊奶油

栗子泥（使用和栗製作）············· 200 g
無鹽奶油 ······································ 20 g
卡士達奶油 ·································· 4大匙

recipe

做法

混合 **1** 鋼盆內放入雞蛋和砂糖後攪打至發泡狀態，加入低筋麵粉，使用橡皮刮刀以下切方式混合，接著再加入沙拉油攪拌。

烘烤 **2** 等分量倒入馬克杯內，放入烤箱以180度烘烤18分鐘，完成後取出放涼。

裝飾 **3** 將糖漿材料放入耐熱容器內，以微波爐（600W）加熱1分鐘。

4 將大量的 **3** 倒在 **2** 上，中間再放上卡士達奶油。

5 製作栗子奶油。將栗子泥和奶油混合攪拌，等到質地變滑順就可以裝進蒙布朗用的擠花袋中，擠出細條漩渦狀。可以依喜好再放上些許打發的鮮奶油。

How to make....

成功做出質地滑順濃郁的自製微波爐卡士達奶油

材料與做法〔容易製作的分量〕
在較大的馬克杯內（或是耐熱保鮮杯）放入1顆蛋黃和砂糖20g，以打蛋器混合攪拌均勻。接著再放入過篩的低筋麵粉7g混合均勻，將牛奶100ml分次少量加入混合，持續攪拌至無顆粒狀態。然後以保鮮膜寬鬆包覆杯口，使用微波爐（600W）加熱1分鐘，取出後攪拌，然後再次放入微波爐加熱1分鐘後，再攪拌。之後以保鮮膜完全包覆住杯口並放入冰箱冷藏。

保存上沒有問題
裝在煮沸消毒過的保鮮容器後，放入冰箱冷藏保存。
保存期限大約是3天時間。

飄散檸檬香氣的奶油蛋糕，搭配新潮糖霜裝飾

檸檬蛋糕

ingredients

材料（容量170ml的馬克杯2個）

＊蛋糕麵糊

雞蛋 ⋯⋯⋯⋯⋯⋯⋯⋯⋯⋯⋯⋯⋯	1個
砂糖 ⋯⋯⋯⋯⋯⋯⋯⋯⋯⋯⋯⋯⋯	40 g
檸檬汁 ⋯⋯⋯⋯⋯⋯⋯⋯⋯⋯⋯	1小匙
檸檬皮屑 ⋯⋯⋯⋯⋯⋯⋯⋯⋯	1/2個分量
高筋麵粉 ⋯⋯⋯⋯⋯⋯⋯⋯⋯	40 g
沙拉油 ⋯⋯⋯⋯⋯⋯⋯⋯⋯⋯⋯	30 g

＊糖霜

檸檬汁 ⋯⋯⋯⋯⋯⋯⋯⋯⋯⋯⋯	1小匙
糖粉 ⋯⋯⋯⋯⋯⋯⋯⋯⋯⋯⋯⋯⋯	40 g

recipe

做法

混合 **1** 鋼盆內放入雞蛋、砂糖後，以手持式攪拌器攪打至確實起泡狀態，然後再加入檸檬汁和檸檬皮以橡皮刮刀混合。接著加入過篩的高筋麵粉，使用橡皮刮刀以不破壞泡沫的方式混合攪拌，最後加入沙拉油混合。

烘烤 **2** 麵糊倒入馬克杯內，放入烤箱以180度烘烤20～25分鐘。

糖霜 **3** 檸檬汁加上糖粉攪拌均勻後，用湯匙淋在放涼的檸檬蛋糕上。也可以放上檸檬皮做裝飾。

preparation

事前準備

‧馬克杯內塗抹奶油（分量外）。
‧烤箱以180度預熱。

How to make…

利用湯匙輕鬆製作糖霜的做法！
比想像中簡單的糖霜做法，透過裝飾讓杯子蛋糕變得更可愛也更美味。
與檸檬的酸味相當搭配。

step 1

只需要準備2種材料，就是檸檬汁和糖粉。

step 2

將糖粉加入檸檬汁裡混合攪拌均勻，觀察軟硬度進行調整。

step 3

使用湯匙將糖霜淋在放涼的檸檬蛋糕上。要注意若是淋在還有熱度的蛋糕上會導致糖霜融化。稍微放置一小段時間等待糖霜凝固，就大功告成了！

早餐或下午茶的最佳首選。剛出爐的香氣讓人胃口大開

馬克杯司康

ingredients

材料（容量170ml的馬克杯2個）

A
┌ 砂糖 ·············· 10 g
│ 塩 ·············· 少許
│ 低筋麵粉 ·············· 100 g
└ 泡打粉 ·············· 1/2小匙
無鹽奶油 ·············· 20 g
蛋液 ·············· 1/2個（30 g）
牛奶 ·············· 2大匙

preparation

事前準備

· 馬克杯內塗抹奶油（分量外）。
· 烤箱以220度預熱。

recipe

做法

 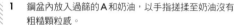

混合 **1** 鋼盆內放入過篩的**A**和奶油，以手指搓揉至奶油沒有粗糙顆粒感。

2 蛋液和牛奶混合，留下1/2小匙後其餘加入 **1**，以橡皮刮刀混合攪拌。

3 在桌面撒上手粉（分量外的低筋麵粉），麵團分成4等分搓圓。

烘烤 **4** 馬克杯內各放入2個麵團，表面塗抹上留下來的蛋液，然後放入烤箱以200度烘烤20分鐘。

How to make ....

自製微波爐草莓果醬

材料和做法（容易製作的分量）
將草莓50g縱向對切成四片，連同砂糖20g一起放入170ml的馬克杯內。混合均勻後以微波爐（600W）加熱5分鐘。

保存上也沒有問題
放入煮沸消毒過的保鮮容器內冷藏保存。
保存期限約為2個星期。

直接使用吐司作為派皮就能輕鬆做出香脆口感。每天都吃不膩的馬克杯點心

培根櫛瓜法式鹹派

ingredients

材料（容量170ml的馬克杯2個）

三明治用土司 ……………… 3片
＊奶蛋液
A ┌ 雞蛋 ………………………… 1個
 │ 鮮奶油、牛奶 ………………… 50ml
 └ 鹽、胡椒、肉荳蔻 ………… 各少許
＊內餡
披薩乳酪 …………………… 2大匙
培根（煙燻鮭魚或火腿也可以）… 2片（40g）
櫛瓜 ………………………… 1/3條

preparation

事前準備

· 馬克杯內塗抹1小匙奶油（分量外）。
· 烤箱以180度預熱。

recipe

做法

1 配合馬克杯高度裁切吐司並沿著側面擺放，杯底也要放上適合大小的吐司。接著放入披薩乳酪，櫛瓜則是縱向切成薄片後放上培根捲起，放入馬克杯內。

2 鋼盆內放入 **A** 混合攪拌均勻。

3 將 **2** 倒入 **1** 後放入烤箱以180度烘烤25分鐘。

TIPS

小心地將蛋奶液倒入
將內餡捲起放入馬克杯內後，接著再小心地將蛋奶液倒入。

在舌尖融化的鬆軟口感是剛出爐才能享用到的風味

舒芙蕾

ingredients

材料（容量170ml的馬克杯2個）

雞蛋	1個
蜂蜜、砂糖	各10 g
原味優格	30 g
低筋麵粉	15 g

preparation

事前準備

· 馬克杯內塗抹奶油（分量外）。
· 雞蛋要將蛋白和蛋黃分開，並各自均勻攪拌。
· 烤箱以180度預熱。

recipe

做法

 1 鋼盆內放入蛋黃和蜂蜜後以打蛋器混合均勻，接著加入優格和低筋麵粉並持續混合攪拌。

2 在另一個鋼盆內放入蛋白和砂糖，以打蛋器攪打至發泡程度。然後加入 **1**，用橡皮刮刀以下切方式混合後倒入馬克杯內。將表面抹平，以指尖去除邊緣多餘麵糊。

 3 托盤倒入熱水後放上 **2**，再擺放在烤盤上，放入烤箱以180度蒸烤25分鐘。

海綿蛋糕以巧克力點綴並撒上椰子粉，發源自澳洲的蛋糕

林明頓蛋糕

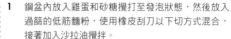

ingredients

材料（容量170ml的馬克杯3個）

＊海綿蛋糕
雞蛋	1個
砂糖、低筋麵粉	各30 g
沙拉油	10 g

※海綿蛋糕可以照著右邊食譜製作，
也可以使用市售蛋糕。
或用蜂蜜蛋糕等其他蛋糕來替代。

＊巧克力醬
牛奶	100 ml
無糖可可粉	10 g
巧克力	50 g

＊裝飾
椰子絲	20 g
鮮奶油	100 ml

preparation

事前準備

‧烤箱以180度預熱。

recipe

做法

1 鋼盆內放入雞蛋和砂糖攪打至發泡狀態，然後放入
過篩的低筋麵粉，使用橡皮刮刀以下切方式混合，
接著加入沙拉油攪拌。
（混合）

2 等分量倒入馬克杯內，放入烤箱以180度烘烤18分
鐘。放涼後從馬克杯中取出蛋糕。
（烘烤）

3 鍋子倒入牛奶開火煮沸，接著加入可可粉和巧克力
攪拌至融化。
（堆疊）

4 蛋糕橫向對半切開，用 **3** 的巧克力醬沾滿蛋糕。在表
面撒上椰子絲後，再將每片蛋糕各放入馬克杯內。

5 將打發到八分程度的鮮奶油等分量放在 **4** 上（留下
部分作為裝飾用），然後再放上1片蛋糕。最後撒上
椰子絲並放上鮮奶油，接著淋上剩餘的巧克力醬。
放入冰箱冷藏30分鐘以上。

TIPS 加入大量的粗椰子絲
乾燥椰子可以製作成粉狀
的椰子粉、較粗的椰子絲
以及條狀的椰子條。椰子
絲的特色是能增加適度的
酥脆口感。

使用馬克杯
輕鬆製作海綿蛋糕！
其實可以利用馬克杯做出
海綿蛋糕，而且比想像中
簡單，只要利用自己的馬克
杯就能做出剛好的大小。當
然也是可以使用市售蛋糕
或蜂蜜蛋糕。

鬆軟的口感與柔和甜味編織成零缺陷的絕妙風味

杯子甜薯泥

ingredients

材料（容量170ml的馬克杯2個）

番薯	250 g
砂糖	50 g
鮮奶油	50 ml
蛋黃	2個分量

preparation

事前準備

· 馬克杯內塗抹奶油（分量外）。

· 烤箱以180度預熱。

recipe

做法

 1 番薯去皮切成一口大小後浸泡在水中。接著放入鍋子水煮約15分鐘。

2 瀝乾水分後以搗泥器壓成泥狀，加入砂糖、鮮奶油持續混合攪拌。然後再加入1又1/2個蛋黃混合攪拌。

 3 放入馬克杯內，將剩下的蛋黃加入少許的水塗抹在表面，放入烤箱以180度烘烤30分鐘。

搖身一變成為禮物！馬克杯蛋糕的包裝方式

馬克杯蛋糕因為外型可愛、尺寸小巧輕盈，所以很適合拿來當作禮物。想要贈送可愛的
馬克杯給其他人的時候，若再加上親手製作的蛋糕，對方一定會更加感到驚喜。

附上湯匙的禮物

放入紙袋以緞帶漂亮綑綁，還可以綁上湯匙成為讓人
想當場品嘗的可口禮物。

加上緞帶和手工藝小物裝飾令樸素紙袋也很吸睛

即便是素色的紙袋，只要綁上緞帶或手工藝小物，看
起來就會更吸引人。懂得善用百圓商店等便宜小物也
是樂趣之一。

放入蛋糕盒內方便攜帶也很放心

擺放在盒子裡的蛋糕不會遭到毀損，可以放心使用。
如果是有特別裝飾的蛋糕或冰涼甜點，也可以放入保
冷劑。盒子和人造花都是在百圓商店購買。

寫上訊息傳達心意

紙袋上貼有手寫的訊息貼紙。因為機會難得，所以在
禮物上寫有能傳達心意的簡短話語。如果想要讓禮物
直接被看見，可以選用透明的袋子。

chapter

5

特別日子享用的
馬克杯蛋糕

在生日、情人節、聖誕節等特別的日子裡，蛋糕絕對是不可或缺的角色。馬克杯蛋糕的優點是能夠一人獨享，而且很適合拿來當做禮物。不像要做出一整個蛋糕那樣具有難度，而是能夠輕鬆完成。選擇可愛的馬克杯作為派對桌上的裝飾品吧！

NOEL

merry Christmas

congratulations

Happy Birthday

按法國習俗會在1月6日享用的杏仁口味甜派。
因為不知道誰會中獎而緊張刺激,很適合出現在派對的餐桌上!

國王派

ingredients

材料(容量170ml的馬克杯3個)

冷凍派皮(20×20cm)	1片
微波爐加熱蘋果	6片
(參照p.70。也可以選用喜歡的糖漬水果或是市售品替代)	
蛋黃	1個分量
＊杏仁奶油	
無鹽奶油	60 g
砂糖	50 g
雞蛋	1個
A ┌ 杏仁粉	60 g
└ 低筋麵粉	10 g
蘭姆酒	1小匙

preparation

事前準備

・奶油恢復至室溫程度。
・馬克杯內塗抹奶油(分量外)。
・烤箱以200度預熱。

recipe

做法

 1 製作杏仁奶油。鋼盆內放入奶油以打蛋器攪打,接著加入砂糖混合攪拌至變白的狀態。加入攪打後的雞蛋再放入過篩的 **A** 之後攪拌,然後再加入蘭姆酒混合。

2 倒入馬克杯內，將陶製人偶放入其中1個馬克杯，接著放上加熱的蘋果片。

3 派皮裁切成比杯口還要大1cm的圓形。底下那一面塗抹加入1/2小匙水的蛋黃液，將塗抹蛋黃的那一面朝下，像是要覆蓋住馬克杯那樣擺放在 **2** 的上方。然後不要搖晃到馬克杯，將派皮的邊緣朝杯緣緊壓固定。接著在表面塗抹剩餘的蛋黃液，放入冰箱冷藏約10分鐘等待表面乾燥。

烘烤 4 以叉子在表面畫出線條，使用刀子在4個地方劃出凹洞。最後放入烤箱以200度烘烤20分鐘後，將溫度調低為170度再烘烤10分鐘。

 TIPS 吃到有陶製人偶的派就中獎了！

製作國王派時會將陶製的人偶（feve）藏在餡料內，選到派中有人偶的人就可以戴上皇冠，據說還會擁有一整年的好運氣。

87

在特別的日子裡製作冰淇淋或雪酪，並加上大量鮮奶油的夢想聖代！
而且在這一天還能一人獨享這樣的美味

特製莓果百匯

ingredients

材料（大的馬克杯2個）

＊草莓雪酪

草莓	250 g
砂糖	80 g

＊餡料

海綿蛋糕（或是玉米脆片）、
香草冰淇淋、鮮奶油、草莓、
覆盆子、藍莓、棉花糖 ⋯⋯⋯⋯⋯⋯ 各適量

recipe

做法

1 草莓清洗乾淨後去除蒂頭，接著放入果汁機攪打成泥狀。將200g的草莓果泥加上砂糖和水50ml後混合攪拌，然後倒入托盤放入冰箱冷凍3小時以上等待結凍凝固。冷凍期間使用叉子將其弄得鬆散。

2 將剩餘的草莓果泥放入鍋子裡燉煮製作草莓醬。

3 海綿蛋糕切成容易入口的大小後放入馬克杯內，接著再放入 **1** 的雪酪、香草冰淇淋、水果、棉花糖、打發的鮮奶油，然後再淋上 **2**。

TIPS 絕品美味冰沙
務必在家自製！

在冰沙冷凍期間使用叉子
1、2次的來回攪動，讓
空氣能夠進入，就會使成
品口感更加滑順。

Happy Birthday!

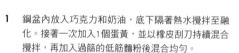
內部口感濕潤濃郁，榮獲情人節最想贈送蛋糕第一名首選！
利用馬克杯就能成功做出可愛度破表的蛋糕禮物，而且馬克杯也可以當作禮物之一

巧克力蛋糕

ingredients

材料（容量170ml的馬克杯3個）

巧克力（苦甜）	120 g
無鹽奶油	60 g
雞蛋	2個
低筋麵粉	30 g
砂糖	40 g

preparation

事前準備

· 馬克杯內塗抹奶油（分量外）。
· 雞蛋將蛋黃和蛋白分開。
· 烤箱以170度預熱。

recipe

做法

1 鋼盆內放入巧克力和奶油，底下隔著熱水攪拌至融化。接著一次加入1個蛋黃，並以橡皮刮刀持續混合攪拌，再加入過篩的低筋麵粉後混合均勻。

2 在另一個鋼盆放入蛋白和砂糖，以打蛋器攪打至泡沫能立起的狀態。

3 將 **2** 分2次加入 **1** ，以不要破壞泡沫的方式使用橡皮刮刀混合。

4 倒入馬克杯約七分滿的位置，放入烤箱以170度烘烤20分鐘，然後調低溫度至160度烘烤約5分鐘。

Love ♡

Sweet chocolate

LOVE

TIPS

經過精巧包裝後
變身為禮物

可以選購成對的馬克杯，
將馬克杯整個作為禮物包
裝。除情人節以外也能使
用的包裝方式，詳細內容
可參照p.83。

 Christmas

今年的聖誕節，試著做出一個一人享用、
放上草莓的豪華鮮奶油蛋糕。
使用微波爐就能輕鬆做出海綿蛋糕，
還能讓餐桌的擺設增色不少。

草莓鮮奶油蛋糕

ingredients

材料（容量170ml的馬克杯2個）

* 海綿蛋糕

雞蛋 ·················· 1個
砂糖、低筋麵粉 ············ 各30 g
植物油 ·················· 10 g
※海綿蛋糕可以使用市售品或是蜂蜜蛋糕。
建議參照p.72的烤箱製作方式，就能做出質地
鬆軟的海綿蛋糕。

* 糖漿

砂糖 ·················· 20 g
水 ·················· 50 ml
櫻桃白蘭地 ·············· 1小匙

* 裝飾

鮮奶油 ·················· 100 ml
砂糖 ·················· 1小匙
草莓 ·················· 10個

preparation

事前準備

· 馬克杯內塗抹奶油（分量外）。
· 將3個草莓切成薄片，剩下的草莓則是對半切開作為裝飾用。

recipe

做法

 1 製作海綿蛋糕。鋼盆內放入雞蛋和砂糖，確實攪打至會留下痕跡的發泡狀態。接著加入過篩的低筋麵粉，用橡皮刮刀以下切方式混合，然後加入植物油攪拌。

 2 倒入馬克杯內，以保鮮膜包覆放入微波爐（150W）各加熱3分鐘。※若是麵糊向上膨脹碰觸到保鮮膜就停止加熱，先去除保鮮膜，然後再寬鬆包覆保鮮膜後降溫。放涼後再將蛋糕從馬克杯中取出。

 3 在另一個馬克杯放入糖漿的材料，以微波爐（600W）加熱1分鐘。砂糖融化之後就放入冰箱冷藏。

4 海綿蛋糕各自對半切開，將1片蛋糕放回 **2** 的馬克杯內，然後各淋上2小匙的糖漿。

5 鮮奶油加入砂糖打發至八分程度，在 **4** 各自放上1/4分量的鮮奶油以及草莓薄片，接著再放上1片蛋糕。表面各塗抹上2小匙的糖漿，然後再放上剩下的鮮奶油和草莓，最後依喜好撒上適量的裝飾食用銀珠。

 TIPS

微波爐也能做出海綿蛋糕！

包括p.72的蒙布朗和p.80的林明頓蛋糕，都有介紹使用烤箱製作海綿蛋糕的做法，但其實使用微波爐製作海綿蛋糕的麵糊食譜材料完全相同。不論是烤箱還是微波爐，都能夠使用馬克杯做出海綿蛋糕。兩者中比較輕鬆的是微波爐做法，但如果想要品嘗到鬆軟的蛋糕質地，還是要選擇烤箱做法為佳。也能選用市售品來製作。

EVERYDAY DRINK

讓身心都暖烘烘的熱巧克力

熱巧克力

材料（容量 170ml 的杯子 1 個）和做法

1 馬克杯內放入80ml的牛奶並以微波爐加熱，黑巧克力30g切碎放入杯中混合攪拌融化。

2 依喜好在 1 加上打發鮮奶油20ml。

濃郁風味讓人上癮的熱白巧克力

熱白巧克力

材料（容量 170ml 的杯子 1 個）和做法

馬克杯內放入80ml的牛奶以微波爐加熱，白巧克力20g切碎放入杯中混合攪拌至融化。

EASY TO MAKE!

CHOCOLATE

Tasty ♡

Speedy ♪

椰子風味與Q彈珍珠搭配的美妙滋味

珍珠椰奶

材料（容量 170ml 的杯子 1 個）**和做法**

1　將珍珠粉圓10g放到水裡浸泡，等到中間的芯變軟就放入熱水煮熟。接著以冷水沖洗冷卻。

2　將椰奶粉20g和砂糖15g放入50ml熱水裡混合攪拌至融化。

3　將 **2** 倒入裝有大量冰塊的杯子裡，放入瀝乾水分的珍珠粉圓，再適量加入切好的鳳梨和哈密瓜混合攪拌。

TIPS

有咬勁的
大顆珍珠粉圓

珍珠有分彩色和棕色，但味道和口感都相同。可以在網路上或中華食材店購買。

冷凍後弄碎就變成刨冰！

焦糖法布奇諾

材料（容量 170ml 的杯子 1 個）**和做法**

1　將較濃的咖啡倒入杯子的1/4高度，接著放涼。

2　在馬克杯內放入砂糖10g和1/2小匙的水，以微波爐（600W）加熱1分30秒。加入焦糖20ml混合，接著取出部分（少量）另外倒入容器內，然後馬克杯再加入2大匙牛奶混合攪拌。

3　將 **2** 與 **1** 混合後倒入杯子裡再加入冰塊，放上打發的20ml鮮奶油。最後將 **2** 預留的焦糖淋在表面。

PROFILE

本間 節子

神奈川縣出生，本身是甜點研究者、日本茶講師。除了在自家開設了小班制的甜點教室「atelier h」以外，也有在撰寫雜誌與書籍的食譜專欄、出席咖啡店活動和演講座談會等，在多個領域都相當活躍。出版了多本甜點食譜書籍，注重季節感與食材的原味，每天都吃不膩、又不會對身體造成負擔的手工甜點為其特色。著有《まいにちのお菓子づくり》（主婦の友社）等多本著作。

http://www.atelierh.jp/

TITLE

歡樂馬克杯蛋糕

STAFF		ORIGINAL JAPANESE EDITION STAFF	
出版	三悅文化圖書事業有限公司	ブックデザイン	オオモリサチエ（and paper）
作者	本間 節子	撮影	清水奈緒
譯者	林文娟	スタイリング	曲田有子
		イラスト	あなみなお
總編輯	郭湘齡	取材・編集協力	平山祐子
責任編輯	蔣詩綺	編集担当	中野桜子（主婦の友社）
文字編輯	黃美玉　徐承義		
美術編輯	孫慧琪		
排版	靜思個人工作室		
製版	明宏彩色照相製版股份有限公司		
印刷	桂林彩色印刷股份有限公司		

法律顧問	經兆國際法律事務所　黃沛聲律師	
戶名	瑞昇文化事業股份有限公司	
劃撥帳號	19598343	
地址	新北市中和區景平路464巷2弄1-4號	
電話	(02)2945-3191	
傳真	(02)2945-3190	
網址	www.rising-books.com.tw	
Mail	deepblue@rising-books.com.tw	
初版日期	2017年12月	
定價	250元	

國家圖書館出版品預行編目資料

歡樂馬克杯蛋糕 / 本間節子作；林文娟
譯. -- 初版. -- 新北市：三悅文化圖書，
2017.12
96面；18.2 x 21 公分
ISBN 978-986-95527-1-4(平裝)

1.點心食譜

427.16　　　　　　　　106020012